Patrick Dooyum
Tersoo Eric Taave
Simon Edoka Edache

Composição química do extrato de folha de Artemisia Annua

Patrick Dooyum
Tersoo Eric Taave
Simon Edoka Edache

Composição química do extrato de folha de Artemisia Annua

Através da análise FTIR

ScienciaScripts

Imprint

Cover image: www.ingimage.com

This book is a translation from the original published under ISBN 978-620-5-49345-8.

Publisher:
Sciencia Scripts
is a trademark of
Dodo Books Indian Ocean Ltd. and OmniScriptum S.R.L publishing group

120 High Road, East Finchley, London, N2 9ED, United Kingdom
Str. Armeneasca 28/1, office 1, Chisinau MD-2012, Republic of Moldova, Europe
Managing Directors: Ieva Konstantinova, Victoria Ursu
info@omniscriptum.com

Printed at: see last page
ISBN: 978-620-8-56297-7

COMPOSIÇÃO QUÍMICA DO EXTRACTO DE FOLHAS DE ARTEMISIA ANNUA ATRAVÉS DE ANÁLISE FTIR

Patrick Dooyum

Universidade Joseph Sarwuan Tarka, Makurdi, Nigéria

florapatrick619@gmail.com

+234 814 921 7691

Tersoo Eric Taave

Universidade Joseph Sarwuan Tarka, Makurdi, Nigéria

+234 902 415 5924

&

Edache Simon Edoka

Universidade Estatal de Benue, Makurdi, Nigéria

edachesimon2@gmail.com

+234 703 242 1095

Visão geral

Este estudo utilizou a espetroscopia de infravermelhos com transformada de Fourier (FTIR) para avaliar a composição química do extrato aquoso de folhas de Artemisia annua, uma planta reconhecida pelas suas propriedades medicinais. Realizado na Universidade Joseph Sarwuan Tarka e na Universidade de Ibadan, na Nigéria, as folhas foram recolhidas, autenticadas e processadas através de imersão em água destilada estéril e metanol. A análise FTIR identificou vários grupos funcionais importantes, incluindo um grupo hidroxilo a 1028,75 cm ^{1} (indicando álcoois), um alceno a 1073,47 cm ^{1} (sugerindo éter dietílico), nitrilos a 1267,29 cm ^{1} (por exemplo, metilamina), éteres a 1319,48 cm', aminas a cerca de 1401,48 cm', e possíveis ácidos carboxílicos a 1621,39 cm'. Picos adicionais indicaram a presença de isocianato de metilo e benzonitrilo. Os resultados confirmam que o extrato aquoso de folhas de Artemisia annua é rico em compostos bioactivos com diversos grupos funcionais, apoiando as suas aplicações medicinais tradicionais e sugerindo potenciais utilizações em produtos farmacêuticos e na agricultura. A investigação futura deve centrar-se no isolamento destes compostos e na exploração das suas actividades e aplicações biológicas.

Palavras-chave: FTIR (Espectroscopia de Infravermelhos com Transformada de Fourier), Artemisia annua, Composição química, Compostos bioactivos, Grupos funcionais

Índice

CAPÍTULO 1: INTRODUÇÃO

1.1 Antecedentes do estudo

A espetroscopia de infravermelho com transformada de Fourier (FTIR) é uma poderosa técnica analítica amplamente utilizada para identificar compostos químicos e elucidar as estruturas moleculares de várias substâncias. Envolve a medição do espetro infravermelho de absorção ou emissão de um sólido, líquido ou gás (Guerrero-Perez e Gregorry, 2019). O FTIR é particularmente valioso na análise de compostos orgânicos, incluindo extractos de plantas, uma vez que fornece informações detalhadas sobre os grupos funcionais presentes nas moléculas. A sua aplicação na análise da composição química de extractos aquosos de folhas ganhou atenção devido à sua capacidade de avaliar de forma rápida e não destrutiva os compostos bioactivos presentes nos materiais vegetais (Sasidharan *et al.,* 2020).

A Artemisia annua (absinto doce) é uma planta medicinal conhecida pelas suas propriedades terapêuticas e é amplamente utilizada na medicina tradicional em África e na Ásia. Esta planta é a fonte de artemisinina, um composto altamente eficaz contra a malária (Noronha *et al.,* 2020). As folhas de *A. annua* contêm uma mistura complexa de compostos bioactivos, incluindo flavonóides, terpenos e óleos essenciais, que contribuem para a sua eficácia medicinal (Vaou *et al.*, 2022). A análise dos extractos aquosos de *A. annua* utilizando FTIR permite a identificação destes grupos funcionais específicos e fornece informações sobre a composição molecular dos bioactivos. A composição química do extrato aquoso de folhas de *Artemisia annua* tem suscitado um interesse significativo devido ao seu rico perfil de compostos bioactivos, tais como flavonóides, terpenos e óleos essenciais (Anibogwu *et al.*, 2021). Estes compostos contribuem para os efeitos terapêuticos bem conhecidos da planta, nomeadamente as suas propriedades antimaláricas atribuídas à artemisinina. No entanto, apesar da extensa pesquisa sobre *A. annua*, permanece uma lacuna na caraterização completa de sua composição química usando métodos analíticos avançados como a espetroscopia de infravermelho com transformada de Fourier (FTIR). Estudos anteriores, como o de Anibogwu *et al.* (2021), forneceram informações sobre os efeitos farmacológicos da planta, mas há uma compreensão limitada dos grupos funcionais específicos e das estruturas moleculares responsáveis por esses efeitos, especialmente quando analisados por FTIR. Esta falta de caraterização pormenorizada representa uma lacuna crítica que, se for colmatada, poderá esclarecer melhor a bioatividade dos compostos presentes e melhorar as suas aplicações medicinais. Para colmatar esta lacuna, foram desenvolvidos os seguintes objectivos: preparar extractos aquosos de folhas de *Artemisia annua*, registar e analisar os espectros FTIR dos extractos de folhas e identificar e comparar os grupos funcionais e as estruturas moleculares presentes nos extractos de folhas.

A Artemisia annua, vulgarmente conhecida como absinto doce, tem uma história rica na medicina tradicional, nomeadamente na Ásia e em África, onde é utilizada há séculos para tratar várias doenças, incluindo a malária e as febres. As propriedades medicinais da planta são atribuídas principalmente aos seus compostos bioactivos, sendo a artemisinina o mais notável. Esta lactona sesquiterpénica ganhou reconhecimento mundial pela sua eficácia no tratamento da malária, especialmente em casos que envolvem estirpes resistentes aos medicamentos do parasita Plasmodium falciparum (Tu, 2015). A Organização Mundial de Saúde (OMS) aprovou as terapias combinadas à base de artemisinina como o tratamento padrão para a malária, sublinhando a importância da planta na medicina moderna.

Para além das suas propriedades antimaláricas, a Artemisia annua é conhecida pela sua gama diversificada de actividades biológicas. A investigação identificou numerosos metabolitos secundários na planta, incluindo monoterpenos, sesquiterpenos e compostos fenólicos, que contribuem para os seus efeitos anti-inflamatórios, antioxidantes e antimicrobianos (Ekiert et al., 2021). Foi demonstrado que estes compostos apresentam efeitos sinérgicos que aumentam o potencial terapêutico global da planta. Por exemplo, flavonóides como a casticina e a crisoesplenetina demonstraram actividades anti-inflamatórias e antitumorais, expandindo ainda mais o âmbito das aplicações medicinais da Artemisia annua (Zhang et al., 2020).

As propriedades farmacológicas da Artemisia annua não se limitam às utilizações tradicionais; estudos contemporâneos exploraram o seu potencial no tratamento de várias doenças para além da malária. Por exemplo, estudos in vitro sugerem que a artemisinina pode ser eficaz contra outras infecções por protozoários, como a leishmaniose e a doença de Chagas (Mishri Lal & Shukla, 2020). Além disso, os extractos da planta mostraram-se promissores em aplicações de cicatrização de feridas devido às suas propriedades antibacterianas e anti-inflamatórias. Esta versatilidade realça a importância de mais investigação sobre a composição química e as actividades biológicas da Artemisia annua.

A composição química da Artemisia annua tem sido amplamente estudada utilizando técnicas analíticas avançadas, como a espetroscopia de infravermelhos com transformada de Fourier (FTIR). Este método permite a identificação de grupos funcionais presentes em extractos de plantas, fornecendo informações sobre as suas potenciais actividades biológicas (Zhou et al., 2022). A análise FTIR revelou vários grupos funcionais associados às propriedades medicinais da Artemisia annua, incluindo grupos hidroxilo indicativos de álcoois e outros compostos ligados aos seus efeitos terapêuticos.

Além disso, os métodos de extração utilizados podem influenciar significativamente o rendimento e a composição dos compostos bioactivos da Artemisia annua. Estudos indicam que diferentes solventes, como o metanol e a água destilada, podem extrair perfis variáveis de metabolitos secundários da planta (Ekiert et al., 2021). Essa variabilidade ressalta a necessidade de protocolos de extração padronizados para garantir consistência nos resultados da pesquisa e nas aplicações terapêuticas.

O interesse crescente na Artemisia annua vai para além das suas utilizações medicinais; está também a ser explorada para aplicações em cosméticos e nutracêuticos. A presença de compostos antioxidantes na planta torna-a um candidato valioso para formulações destinadas a melhorar a saúde da pele e o bem-estar geral (Zhang et al., 2020). À medida que os consumidores procuram cada vez mais alternativas naturais em produtos de cuidados pessoais, o perfil da Artemisia annua como ingrediente multifuncional está a ganhar força.

Para além das suas aplicações na saúde humana, a Artemisia annua tem benefícios potenciais na agricultura. As suas propriedades antimicrobianas naturais podem ser aproveitadas para desenvolver soluções ecológicas de controlo de pragas. Este aspeto é particularmente relevante nas práticas agrícolas sustentáveis, em que os pesticidas químicos estão a ser progressivamente eliminados devido a preocupações ambientais (Mishri Lal & Shukla, 2020). A exploração da Artemisia annua como biopesticida poderia proporcionar um duplo benefício: proteger as culturas e, ao mesmo tempo, promover a saúde humana através da redução da exposição a produtos químicos.

Independentemente dos seus atributos promissores, continua a ser necessário efetuar estudos abrangentes que isolem e caracterizem os compostos individuais da Artemisia annua. Esta investigação poderia elucidar mecanismos de ação específicos e melhorar a nossa compreensão da forma como estes compostos interagem nos sistemas biológicos. A investigação destas interações será crucial para o desenvolvimento de terapias orientadas que maximizem a eficácia e minimizem os efeitos secundários.

Em conclusão, a Artemisia annua representa um recurso valioso com um potencial significativo em vários domínios, incluindo a medicina, a agricultura e os cosméticos. A sua rica composição química e as diversas actividades biológicas justificam uma investigação mais aprofundada para explorar plenamente os seus benefícios. À medida que a investigação continua a desenvolver-se, a Artemisia annua pode desempenhar um papel cada vez mais importante na abordagem dos desafios de saúde contemporâneos, promovendo simultaneamente práticas sustentáveis na agricultura.

1.2 Declaração do problema

As afirmações existentes sobre a composição química dos extractos de folhas de *Artemisia annua* são escassas e inconsistentes, lançando assim dúvidas sobre a sua exatidão e abrangência. Esta é também uma razão pela qual o processo de identificação de compostos bioactivos, normalização, controlo de qualidade e descoberta de novos agentes terapêuticos não pode ser alcançado. Por conseguinte, esta análise é efectuada para conhecer a verdade sobre a verdadeira natureza química dos extractos *de folhas de Artemisia annua* e colmatar as enormes lacunas no conhecimento sobre todo o seu potencial terapêutico utilizando a espetroscopia FTIR.

1.3 Finalidade e objectivos do estudo

Avaliar a composição química do extrato aquoso das folhas de *Artemisia annua* (absinto doce) utilizando a espetroscopia de infravermelhos com transformada de Fourier (FTIR).

1.3.1 Objectivos do estudo

Os objectivos do estudo são Avaliar a composição química do extrato aquoso das folhas de *Artemisia annua.*

1.4 Justificação do estudo

A avaliação de FTIR em extratos de folhas de *Artemisia annua* é justificada para desbloquear benefícios terapêuticos, esclarecer a composição e revalidar reivindicações (Anibogwu *et al.,* 2021; Sasidharan *et al.,* 2020). Este estudo beneficiará pesquisadores, profissionais de saúde, pacientes, a indústria farmacêutica e comunidades locais, fornecendo uma compreensão mais profunda da composição do extrato, identificando novos agentes terapêuticos e promovendo o uso sustentável da planta (Guerrero-Perez & Gregorry, 2019; Noronha *et al.,* 2020; Farombi & Owoeye, 2017). A revalidação da composição química resolverá as inconsistências analíticas e contribuirá para preservar o conhecimento tradicional e promover o uso sustentável das plantas, beneficiando as comunidades locais e os esforços de conservação (Sasidharan *et al.,* 2020).

A importância do estudo da Artemisia annua abrange várias dimensões, incluindo aspectos políticos, académicos, médicos, teóricos e metodológicos. Esta importância multifacetada destaca o potencial impacto da planta na saúde e na agricultura, bem como o seu papel no avanço do conhecimento científico.

Os resultados dos estudos sobre Artemisia annua podem informar as políticas de saúde pública, particularmente em regiões onde a malária é endémica. Dado o apoio da OMS às terapias à base de artemisinina como tratamento padrão para a malária, a investigação que elucida a composição química e as actividades biológicas da A. annua pode orientar os decisores políticos no desenvolvimento de protocolos de tratamento e estratégias eficazes para o controlo da malária (Ekiert et al., 2021). Além disso, a compreensão das aplicações medicinais mais amplas da planta pode apoiar políticas destinadas a integrar a medicina tradicional nos sistemas de saúde modernos.

O significado académico deste estudo reside na sua contribuição para o crescente corpo de conhecimentos em torno da medicina herbácea e da fitoquímica. Ao investigar os constituintes químicos e as propriedades farmacológicas da A. annua, esta investigação pode servir de base para estudos futuros em domínios relacionados, como a etnobotânica, a farmacognosia e a química de produtos naturais (Zhou et al., 2022). O estudo pode também inspirar colaborações interdisciplinares que melhorem a nossa compreensão das terapias à base de plantas.

Do ponto de vista médico, a Artemisia annua é promissora não só para o tratamento da malária, mas também para tratar outros problemas de saúde devido às suas diversas actividades biológicas. A investigação demonstrou que os extractos de A. annua apresentam propriedades anti-inflamatórias, antioxidantes e antimicrobianas (Mishri Lal & Shukla, 2020). Este estudo poderá levar ao desenvolvimento de novos agentes terapêuticos derivados da A. annua, alargando as opções de tratamento para várias doenças para além da malária.

Teoricamente, este estudo contribui para a compreensão de como o conhecimento tradicional se cruza com a investigação científica moderna.

Ao validar as utilizações tradicionais de A. annua através de métodos científicos rigorosos como a espetroscopia de infravermelhos com transformada de Fourier (FTIR), os investigadores podem colmatar a lacuna entre as provas empíricas e as práticas culturais (Ekiert et al., 2021). Esta integração melhora a nossa compreensão do papel da fitoterapia nos cuidados de saúde contemporâneos.

Metodologicamente, o emprego da análise FTIR para avaliar a composição química de A. annua demonstra uma abordagem robusta para o estudo de extractos de plantas. Esta técnica permite a identificação de grupos funcionais associados a compostos bioactivos, fornecendo informações sobre os seus potenciais mecanismos de ação (Zhou et al., 2022). As metodologias desenvolvidas neste estudo podem ser aplicadas a outras plantas medicinais, facilitando estudos comparativos e melhorando as técnicas analíticas na investigação fitoquímica.

As implicações agrícolas desta investigação são também dignas de nota. À medida que a agricultura sustentável ganha força a nível mundial, a exploração de A. annua como biopesticida oferece uma alternativa ecológica aos pesticidas químicos (Mishri Lal & Shukla, 2020). A compreensão das propriedades antimicrobianas de A. annua pode contribuir para estratégias de gestão integrada de pragas que promovam a sustentabilidade ambiental e protejam as culturas.

Do ponto de vista económico, o cultivo e a comercialização de Artemisia annua podem beneficiar os agricultores e as comunidades locais. À medida que a procura de produtos naturais aumenta em produtos farmacêuticos e cosméticos, a promoção do cultivo de A. annua pode proporcionar oportunidades económicas, apoiando simultaneamente a conservação da biodiversidade (Ekiert et al., 2021). Este aspeto é particularmente relevante em regiões onde prevalece o conhecimento tradicional sobre plantas medicinais.

Numa escala global, a melhoria do conhecimento sobre a Artemisia annua contribui para os esforços contra doenças infecciosas como a malária e ameaças emergentes à saúde, como a COVID-19 (Ekiert et al., 2021). A exploração em curso das potenciais aplicações da A. annua sublinha a sua relevância na abordagem dos desafios de saúde pública em todo o mundo.

Finalmente, este estudo abre caminho para futuras pesquisas destinadas a isolar e caraterizar compostos individuais de A. annua. Tais investigações são cruciais para a compreensão de actividades biológicas específicas e para o desenvolvimento de terapias direcionadas que maximizem a eficácia e minimizem os efeitos secundários (Zhou et al., 2022). A exploração contínua não só enriquecerá o conhecimento científico, mas também melhorará o panorama terapêutico para várias doenças.

CAPÍTULO 2: REVISÃO DA LITERATURA

2.1 Revisão da literatura relacionada

"Embora tenha sido realizada alguma investigação sobre a avaliação da FTIR em extractos aquosos de folhas de *Artemisia annua,* é necessária uma revalidação para confirmar e potencialmente expandir os resultados existentes (Vaou *et al.,* 2022).

A Artemisia annua é uma planta herbácea que dá pelo nome de absinto doce; é nativa das regiões temperadas da Ásia, mas é cultivada em todo o mundo nos tempos modernos. É sobretudo conhecida por produzir o composto chamado artemisinina, que é um dos compostos mais utilizados no tratamento da malária (Usunobun, & Okolie, 2016). Faz parte da família Asteraceae - uma família com membros que têm uma grande história na medicina tradicional devido às suas propriedades medicinais. Um deles é a *Vernonia amygdalina,* um arbusto nativo da África tropical, mas muito popular na medicina tradicional em toda a África Ocidental. Tradicionalmente, é utilizada para muitas doenças, incluindo malária, diabetes e problemas gastrointestinais. Ambas as plantas contêm elevados níveis de compostos bioactivos, pelo que são igualmente importantes para a investigação científica, especialmente no que diz respeito aos seus potenciais farmacológicos (Raimi, *et al.,* 2020).

Importância do estudo destas plantas

As razões para estudar *a Artemisia annua* são os seus valores medicinais bem documentados e as suas novas utilizações terapêuticas potenciais. *A Artemisia annua* provou ser uma fonte de artemisinina, o medicamento antimalárico estratégico, pelo que ganhou interesse a nível internacional na sequência da relevância global da malária (Altemimi *et al.*, 2017). A maioria dos seus princípios bioactivos, como saponinas, flavonóides e alcalóides, tem sido objeto de extensa investigação no que diz respeito às suas actividades farmacológicas. Uma investigação mais aprofundada sobre estas plantas, especialmente com técnicas sofisticadas como a FTIR, aumentaria o conhecimento da sua composição química e potencialmente desbloquearia novos medicamentos e compostos promotores de saúde (Altemimi *et al.*, 2017).

O estudo de plantas medicinais, como a Artemisia annua, é de extrema importância por várias razões, abrangendo os cuidados de saúde, o significado cultural e o potencial económico. A compreensão dos papéis multifacetados destas plantas pode levar a avanços na medicina tradicional e moderna, bem como contribuir para estratégias de saúde pública.

1. Significado dos cuidados de saúde

Historicamente, as plantas medicinais têm servido como fonte primária de tratamento para várias doenças. A Organização Mundial de Saúde (OMS) estima que cerca de 80% da população mundial depende da medicina herbácea para as suas necessidades de cuidados de saúde, particularmente nos países em desenvolvimento onde o acesso à medicina convencional pode ser limitado [1]. Esta dependência sublinha a necessidade de estudar estas plantas para garantir a sua eficácia e segurança no tratamento de doenças. Além disso, com o aumento da resistência aos antibióticos e a procura de terapias alternativas, a investigação sobre os compostos bioactivos das plantas medicinais tornou-se cada vez mais relevante [2].

2. Importância cultural

As plantas medicinais estão profundamente enraizadas nas práticas culturais de muitas sociedades. Os conhecimentos tradicionais relativos à utilização destas plantas têm sido transmitidos através de gerações, constituindo parte integrante do património cultural [1]. Por exemplo, na Nigéria, várias plantas medicinais são tradicionalmente utilizadas para tratar doenças como a febre tifoide e a cólera, reflectindo a inter-relação entre as comunidades locais e o seu ambiente [2]. Ao estudar estas plantas, os investigadores podem preservar este conhecimento inestimável e, ao mesmo tempo, validar as práticas tradicionais através da investigação científica.

3. Potencial económico

As implicações económicas do estudo das plantas medicinais são substanciais. O mercado mundial de medicamentos à base de plantas está a expandir-se rapidamente, com uma procura crescente de produtos naturais tanto nos países desenvolvidos como nos países em desenvolvimento [3]. Dado que os consumidores procuram alternativas aos medicamentos sintéticos devido a preocupações com os efeitos secundários e a eficácia, existe um mercado crescente para terapias à base de plantas. Este facto apresenta oportunidades para os agricultores e as comunidades locais cultivarem plantas medicinais de forma sustentável, melhorando assim os seus meios de subsistência e promovendo simultaneamente a biodiversidade.

4. Contribuição para a medicina moderna

Muitos produtos farmacêuticos modernos são derivados de compostos encontrados em plantas medicinais. Por exemplo, medicamentos como a morfina e o quinino têm a sua origem em extractos de plantas [1]. A investigação contínua sobre plantas medicinais pode levar à descoberta de novos agentes terapêuticos susceptíveis de responder a necessidades médicas não satisfeitas. O desenvolvimento de novos medicamentos a partir destas fontes naturais não só enriquece o conhecimento farmacológico, como também contribui para soluções de cuidados de saúde mais sustentáveis.

5. Estratégias de saúde pública

As plantas medicinais desempenham um papel crucial nas estratégias de saúde pública destinadas à prevenção de doenças. A sua incorporação nos sistemas de cuidados de saúde primários pode melhorar as iniciativas de saúde da comunidade, fornecendo opções de tratamento acessíveis [3]. Por exemplo, a promoção da utilização de Artemisia annua para a prevenção da malária está em conformidade com as diretrizes da OMS sobre a gestão integrada das doenças. Esta abordagem pode ajudar a aliviar os encargos com os cuidados de saúde em contextos de recursos limitados, melhorando simultaneamente os resultados em termos de saúde.

6. Sustentabilidade ambiental

O estudo das plantas medicinais também tem implicações para a sustentabilidade ambiental. Muitas práticas tradicionais dão ênfase à colheita sustentável de recursos vegetais, o que pode ajudar a conservar a biodiversidade [2]. À medida que aumenta a consciencialização para a importância de preservar os habitats naturais, a integração da investigação sobre plantas medicinais nos esforços de conservação pode promover práticas sustentáveis que beneficiam tanto a saúde humana como o ambiente.

7. Validação científica

A investigação sobre plantas medicinais constitui uma oportunidade para a validação científica das utilizações tradicionais. Empregando técnicas analíticas modernas, como a cromatografia e a espetroscopia, os cientistas podem isolar e caraterizar compostos bioactivos, determinando as suas propriedades farmacológicas [1]. Esta validação não só apoia a medicina tradicional como também aumenta a sua credibilidade no seio da comunidade científica.

8. Unir a medicina tradicional e a medicina moderna

O estudo das plantas medicinais serve de ponte entre as práticas de cura tradicionais e a ciência médica moderna. Ao documentar e investigar os conhecimentos tradicionais, os cientistas podem criar uma compreensão mais abrangente dos cuidados de saúde que respeite as práticas culturais, utilizando simultaneamente metodologias científicas [3]. Esta integração promove a colaboração entre os herboristas e os profissionais de saúde, conduzindo a abordagens mais holísticas dos cuidados aos doentes.

9. Direcções de investigação futuras

A importância do estudo das plantas medicinais estende-se à investigação futura direcções que se centram no isolamento de compostos individuais e na exploração dos seus mecanismos de ação. Esta investigação é vital para o desenvolvimento de terapias direcionadas que maximizem a eficácia e minimizem os efeitos secundários [2]. Além disso, compreender como os factores ambientais influenciam a composição química destas plantas pode melhorar as práticas de cultivo e melhorar os resultados terapêuticos.

Em conclusão, o estudo de plantas medicinais como a Artemisia annua é essencial para o avanço dos cuidados de saúde, a preservação do património cultural, a promoção de oportunidades económicas, a contribuição para a medicina moderna, o reforço das estratégias de saúde pública, o apoio à sustentabilidade ambiental, a validação de práticas tradicionais, a criação de pontes entre sistemas de cura e a orientação de investigação futura. A importância multifacetada destes estudos realça o seu potencial impacto na saúde e no bem-estar globais.

2.2 Importância do FTIR na análise de extractos de plantas

A espetroscopia FTIR é uma ferramenta analítica poderosa para a identificação de compostos químicos em extractos de plantas através da deteção das suas vibrações moleculares. Isto será relevante para a análise do extrato da planta de *Artemisia annua*, uma vez que irá fornecer um meio não destrutivo de avaliar o grupo funcional presente em tais compostos (Altemimi *et al.,* 2017). É este FTIR que irá criar impressões digitais espectrais detalhadas dos compostos bioactivos presentes nestas plantas, o que poderá ajudar a identificar os seus constituintes fitoquímicos e a monitorizar as alterações na composição química durante vários processos de extração. Esta técnica assegura assim a qualidade, a potência e a consistência dos medicamentos à base de plantas, ao mesmo tempo que fornece uma visão das propriedades medicinais que estas plantas possuem em função da sua estrutura molecular (Altemimi *et al.,* 2017).

A espetroscopia de infravermelhos com transformada de Fourier (FTIR) tornou-se uma ferramenta analítica essencial na análise de extractos de plantas, fornecendo informações detalhadas sobre a sua composição química e grupos funcionais. Uma das principais vantagens da FTIR é a sua capacidade de identificar grupos funcionais nos extractos de plantas. Ao analisar os espectros de infravermelhos, os investigadores podem detetar picos específicos associados a várias ligações químicas, tais como grupos hidroxilo, carbonilos e aminas. Esta capacidade é crucial para compreender a natureza química dos compostos bioactivos e as suas potenciais actividades biológicas.

A FTIR também tem sido amplamente utilizada para caraterizar metabolitos secundários, que são frequentemente responsáveis pelos efeitos terapêuticos das plantas. Por exemplo, estudos demonstraram a eficácia do FTIR na identificação de estruturas complexas de flavonóides, alcalóides e terpenóides em várias espécies de plantas. Esta caraterização é essencial para avaliar o potencial farmacológico destes compostos e compreender o seu papel nos mecanismos de defesa das plantas.

No domínio da medicina herbal, a análise FTIR desempenha um papel significativo no controlo de qualidade. Ao estabelecer bibliotecas espectrais para extractos de plantas conhecidos, os investigadores podem autenticar produtos à base de plantas e detetar adulterações ou contaminações. Esta aplicação é vital para garantir a segurança dos consumidores e manter a integridade dos mercados de medicamentos à base de plantas, especialmente porque a procura de produtos naturais continua a aumentar.

Outra aplicação importante do FTIR é a avaliação da eficiência de diferentes métodos de extração em materiais vegetais. Estudos demonstraram que a variação de solventes pode produzir diferentes perfis de compostos bioactivos. Ao comparar os espectros FTIR de extractos obtidos com diferentes solventes, os investigadores podem otimizar os protocolos de extração para maximizar o rendimento dos fitoquímicos desejados, aumentando assim a eficácia global das terapias baseadas em plantas.

A espetroscopia FTIR também permite a caraterização metabólica de extractos de plantas, permitindo aos investigadores monitorizar as alterações fisiológicas em várias condições. Por exemplo, tem sido utilizada para avaliar a forma como as plantas respondem a factores de stress ambiental, fornecendo informações sobre respostas adaptativas que são cruciais para a sobrevivência. Esta aplicação é particularmente relevante no contexto das alterações climáticas e do seu impacto na produtividade agrícola.

Além disso, o FTIR é relevante em estudos que investigam as propriedades antioxidantes de extractos de plantas. Ao correlacionar caraterísticas espectrais específicas com a atividade antioxidante, os investigadores podem identificar quais os compostos que contribuem mais significativamente para esta propriedade. Esta informação é valiosa para selecionar plantas com elevado potencial antioxidante para aplicações na saúde, realçando ainda mais a importância dos fitoquímicos na nutrição e na prevenção de doenças. A capacidade do FTIR para diferenciar entre espécies de plantas estreitamente relacionadas com base nos seus perfis químicos é outra aplicação significativa. Os investigadores utilizaram com êxito a FTIR para classificar várias espécies através da análise dos seus dados espectrais. Esta diferenciação é importante não só para estudos de biodiversidade, mas também para esforços de conservação destinados a proteger espécies ameaçadas e os seus habitats.

Além disso, o FTIR é frequentemente integrado com outras técnicas analíticas, como a cromatografia gasosa-espetrometria de massa (GC-MS), para fornecer uma análise abrangente dos extractos de plantas. A combinação de FTIR com GC-MS permite aos investigadores confirmar a presença de compostos bioactivos específicos identificados através da análise espetral. Esta abordagem integrada aumenta a fiabilidade e a profundidade dos resultados da investigação fitoquímica.

A FTIR também tem sido aplicada em estudos relacionados com a patologia das plantas, analisando as alterações bioquímicas associadas à resistência ou suscetibilidade a doenças. Ao comparar dados espectrais de plantas saudáveis e infectadas, os cientistas podem identificar metabolitos ligados a mecanismos de defesa. Esta aplicação ajuda a desenvolver cultivares resistentes a doenças através de estratégias de melhoramento direcionadas que podem melhorar a resiliência das culturas.

Finalmente, o FTIR contribui significativamente para a investigação etnobotânica, validando as utilizações tradicionais das plantas através de métodos científicos. Ao correlacionar os conhecimentos tradicionais com a análise química, os investigadores podem apoiar a utilização de plantas específicas na medicina tradicional, explorando simultaneamente as suas potenciais aplicações nos cuidados de saúde modernos. De um modo geral, a espetroscopia FTIR destaca-se como uma ferramenta versátil e poderosa na análise de extractos de plantas, oferecendo conhecimentos valiosos que fazem avançar a nossa compreensão das plantas medicinais e das suas utilizações terapêuticas.

2.3 Classificação taxonómica de *Artemisia annua*

Classificação botânica

***Artemisia annua* (Absinto doce)**

Reino: Plantae

Filo: Angiospérmicas

Classe: Magnoliopsida

Ordem: Asterales

Família: Asteraceae

Género: *Artemisia*

Espécie: *Artemisia annua* (Chukwurah *et al.*,2015).

Fig.1: ***Artemisia annua*** **(Absinto doce)** (Chukwurah *et al.,* 2015)

2.4 Análise fitoquímica de *Artemisia annua*

Artemisia annua

Abate *et al.* (2020) realizaram um extenso estudo sobre a análise fitoquímica e a atividade anti-inflamatória de diferentes extractos etanólicos de *Artemisia annua* L. (AA), uma planta conhecida pela sua longa história de utilização terapêutica, principalmente devido à presença de artemisinina (ART). O principal objetivo do seu estudo foi identificar e quantificar a ART e outros metabolitos secundários em extractos etanólicos da planta, avaliando também a atividade biológica em resposta a um estímulo inflamatório. As partes aéreas de *Artemisia annua* foram extraídas com etanol em concentrações variáveis, e o teor de ART foi medido através de cromatografia líquida de alto desempenho (HPLC) e HPLC-MS.

Para além do ART, foi identificada uma variedade de metabolitos secundários, incluindo antocianinas, flavanóis, flavanonas, flavonóis, lignanos, fenólicos de baixo peso molecular, ácidos fenólicos, estilbenos e terpenos, que foram avaliados semiquantitativamente utilizando a metabolómica não orientada por cromatografia líquida de desempenho ultra-elevado, espetrometria de massa com quadrupolo e tempo de voo (UHPLC-QTOF-MS). Os resultados desta análise fitoquímica indicaram que o ART estava mais concentrado nos extractos AA produzidos com etanol a 90%. Da mesma forma, as antocianinas também apresentaram concentrações mais elevadas nos extractos com etanol a 90%, enquanto outros metabolitos não foram significativamente influenciados pela concentração de etanol.

Além disso, o estudo examinou a atividade biológica dos extractos, concentrando-se particularmente nas suas propriedades anti-inflamatórias. Quando as células de neuroblastoma humano (SH-SY5Y) foram expostas ao lipopolissacárido (LPS) como estímulo inflamatório, os extractos de AA demonstraram efeitos protectores, sendo o extrato de etanol a 90% o que apresentou a ação anti-inflamatória mais potente. A nível molecular, isto foi evidenciado por uma redução da expressão do gene do ARNm do TNF-α nas células SH-SY5Y tratadas com LPS, confirmando a eficácia do extrato de folhas de AA na atenuação das respostas inflamatórias. Este estudo destaca a importância da concentração de etanol na maximização da extração de fitoquímicos chave como o ART e as antocianinas da *Artemisia annua,* ao mesmo tempo que mostra o promissor potencial anti-inflamatório da planta.

2.5 Aplicações anteriores de FTIR em estudos de plantas

A espetroscopia de infravermelhos com transformada de Fourier (FTIR) surgiu como uma ferramenta valiosa para estudar as estruturas das plantas e as suas respostas a vários factores ambientais. Tem sido utilizada para monitorizar alterações nas estruturas celulares das plantas causadas por contaminantes do solo como os benzotriazóis (Dokken *et al.,* 2002) e para detetar alterações estruturais nas paredes celulares das plantas devido a processos biológicos e stress ambiental (Kumar *et al.,* 2016). O FTIR também foi aplicado para rastrear a senescência e o envelhecimento das folhas, bem como as respostas das plantas às toxinas fúngicas (Ivanova & Singh, 2003). A técnica revelou-se útil no exame de diferentes tecidos vegetais, incluindo cascas de nozes, células epidérmicas do linho e tubérculos de batata infectados por bactérias (Stewart, 1996). Avanços recentes, como a integração de tecnologias de imagem e fontes de luz síncrotron, melhoraram ainda mais as capacidades do FTIR na investigação em ciências das plantas, permitindo uma melhor resolução espacial e a capacidade de analisar áreas de amostra maiores mais rapidamente (Kumar *et al.,* 2016).

A espetroscopia de infravermelhos com transformada de Fourier (FTIR) surgiu como uma poderosa ferramenta analítica em estudos de plantas, permitindo aos investigadores investigar a composição química e os grupos funcionais de vários materiais vegetais. A sua natureza não destrutiva e a capacidade de fornecer informações espectrais detalhadas fazem dela uma técnica inestimável para compreender a biologia vegetal, a metabolómica e a fitoquímica. Eis dez aplicações-chave da FTIR em estudos de plantas:

1. Caracterização de Metabolitos Secundários de Plantas

O FTIR tem sido amplamente utilizado para identificar e caraterizar metabolitos secundários em plantas, que são cruciais para as suas propriedades medicinais. Por exemplo, estudos demonstraram que o FTIR pode efetivamente elucidar as estruturas complexas de metabolitos secundários, como flavonóides, alcalóides e terpenóides (Bobby et al.,

2012). Ao analisar os espectros de infravermelhos, os investigadores podem detetar pequenas alterações nestes compostos, fornecendo informações sobre os seus papéis nos mecanismos de defesa das plantas e interações com herbívoros e agentes patogénicos.

2. Acompanhamento do desenvolvimento das plantas

A espetroscopia FTIR tem sido aplicada para monitorar mudanças fisiológicas durante o desenvolvimento da planta. Por exemplo, pesquisadores utilizaram a FTIR de Reflectância Total Atenuada (ATR) para analisar diferentes tecidos de algodão em vários estágios de crescimento, permitindo a avaliação de mudanças na composição química relacionadas ao desenvolvimento de fibras (Cheng et al., 2019). Esta aplicação destaca a utilidade do FTIR na compreensão dos processos metabólicos durante as diferentes fases de crescimento e na otimização das práticas agrícolas.

3. Impressão digital metabólica

A técnica tem sido utilizada para a identificação metabólica de várias espécies de plantas, incluindo a Arabidopsis thaliana. A FTIR pode diferenciar entre linhas de tipo selvagem e mutantes através da análise de variações espectrais associadas a perfis metabólicos (Brown et al., 2005). Esta aplicação é particularmente benéfica para estudos genéticos e programas de melhoramento destinados a melhorar as caraterísticas desejáveis das plantas.

4. Controlo de qualidade dos produtos à base de plantas

A FTIR é amplamente utilizada no controlo de qualidade de medicamentos à base de plantas e suplementos dietéticos. Ao estabelecer bibliotecas espectrais de extractos de plantas conhecidas, os investigadores podem autenticar produtos à base de plantas e detetar adulterações ou contaminações (Hori & Sugiyama, 2003). Esta aplicação é crucial para garantir a segurança dos consumidores e manter a integridade dos mercados de medicamentos à base de plantas.

5. Análise de extractos de plantas

A FTIR tem sido utilizada com sucesso para analisar os compostos bioactivos presentes nos extractos de plantas. Por exemplo, um estudo sobre Rauwolfia vomitoria demonstrou a eficácia da FTIR na identificação de alcalóides em diferentes partes anatómicas da planta (Cicco et al., 2012).

Esta capacidade permite uma compreensão abrangente do potencial farmacológico de várias espécies de plantas.

6. Avaliação das respostas ao stress ambiental

Os investigadores aplicaram a FTIR para avaliar a forma como as plantas respondem a factores de stress ambiental, como a seca ou a salinidade. Ao analisar as alterações nas caraterísticas espectrais associadas aos constituintes bioquímicos, os cientistas podem obter informações sobre as adaptações fisiológicas que ocorrem em resposta ao stress (Yang & Yen, 2002). Esta aplicação é vital para compreender a resiliência das plantas e desenvolver estratégias para o melhoramento das culturas em condições climáticas variáveis.

7. Identificação de grupos funcionais

A FTIR é particularmente eficaz na identificação de grupos funcionais em materiais vegetais, o que é essencial para compreender o seu comportamento e interações químicas. Por exemplo, a técnica pode revelar a presença de grupos hidroxilo, carbonilos e outros grupos funcionais que desempenham papéis importantes nas vias bioquímicas (Surewicz et al., 1993). Esta informação é crucial para elucidar os mecanismos subjacentes a várias actividades biológicas atribuídas a compostos específicos.

8. Investigação da fitopatologia

A FTIR tem sido utilizada em estudos relacionados com a patologia das plantas, permitindo aos investigadores investigar as alterações bioquímicas associadas à resistência ou suscetibilidade a doenças. Comparando dados espectrais de plantas saudáveis e infectadas com , os cientistas podem identificar metabolitos específicos ligados a respostas de defesa (Hori & Sugiyama, 2003). Esta aplicação ajuda a desenvolver cultivares resistentes a doenças através de estratégias de melhoramento direcionadas.

9. Monitorização ambiental

T utilização da espetroscopia FTIR vai para além das plantas individuais; também tem sido aplicada na monitorização ambiental relacionada com a saúde da vegetação e a dinâmica dos ecossistemas. Por exemplo, a espetroscopia FTIR pode ser utilizada para analisar as interações solo-planta, avaliando a disponibilidade e a absorção de nutrientes através de exsudados radiculares (Thermo Fisher Scientific). Esta aplicação fornece informações valiosas sobre o funcionamento e a sustentabilidade dos ecossistemas.

10. Investigação sobre a biodiversidade

Por último, a FTIR é fundamental na investigação da biodiversidade, facilitando a identificação e a classificação das espécies vegetais com base nos seus perfis químicos. Ao comparar dados espectrais de diferentes taxa, os investigadores podem elucidar as relações filogenéticas e os padrões evolutivos entre as espécies vegetais (Bobby et al., 2012). Esta aplicação contribui para os esforços de conservação, melhorando a nossa compreensão da diversidade vegetal e do seu significado ecológico.

Em conclusão, a espetroscopia FTIR provou ser uma ferramenta versátil no estudo de plantas, oferecendo informações valiosas sobre a composição química, processos fisiológicos e interações ecológicas. As suas aplicações abrangem vários domínios, incluindo a farmacognosia, as ciências agrícolas, a monitorização ambiental e a investigação da biodiversidade. À medida que a tecnologia avança e mais investigadores adoptam esta técnica, o seu potencial para melhorar a nossa compreensão da biologia das plantas continuará a crescer.

2.6 Relevância da extração aquosa.

A extração aquosa é uma técnica comummente utilizada para isolar compostos bioactivos de materiais vegetais e tem particular relevância em estudos fitoquímicos devido à sua simplicidade e à solubilidade natural de muitos constituintes vegetais em água. Este método envolve normalmente a imersão ou a ebulição de materiais vegetais em água para extrair compostos solúveis em água, tais como alcalóides, flavonóides, taninos e compostos fenólicos. O processo é amplamente utilizado na medicina tradicional e na investigação científica moderna, porque a água é um solvente não tóxico, facilmente disponível, económico e amigo do ambiente. A extração aquosa é particularmente adequada para estudos que visam manter a integridade biológica de compostos que são sensíveis a solventes orgânicos (Vaou *et al.*, 2022).

Independentemente dos seus benefícios, a extração aquosa tem algumas limitações, especialmente quando utilizada em conjunto com técnicas analíticas avançadas, como a espetroscopia de infravermelhos por transformada de Fourier (FTIR). Uma das principais vantagens da extração aquosa é a sua capacidade de preservar a estrutura natural e a atividade biológica de muitos fitoquímicos, o que é essencial para garantir que os compostos extraídos são representativos do seu estado natural. Além disso, a água é um solvente universal para muitos compostos polares, permitindo a extração eficaz de numerosos componentes bioactivos. No entanto, este método pode não ser tão eficaz para compostos não polares, como certos terpenos e óleos essenciais, que são melhor extraídos com solventes orgânicos. Além disso, os extractos aquosos podem por vezes ser propensos a contaminação microbiana, o que pode afetar a estabilidade e a qualidade do extrato ao longo do tempo (Vaou *et al.,* 2022).

Para a análise FTIR, os extractos aquosos são particularmente valiosos porque podem fornecer informações detalhadas sobre os grupos funcionais presentes nos compostos extraídos sem a interferência causada pelos solventes orgânicos. Os espectros FTIR de extractos aquosos permitem aos investigadores detetar vibrações moleculares específicas, ajudando a identificar os principais grupos funcionais associados a compostos bioactivos. No entanto, uma limitação é o facto de a própria água ter fortes bandas de absorção na região do infravermelho, que podem por vezes sobrepor-se aos sinais espectrais dos compostos vegetais que estão a ser estudados. Este facto pode complicar a interpretação dos espectros, exigindo uma preparação cuidadosa da amostra ou passos adicionais, como a secagem ou a liofilização, para reduzir o teor de água. Apesar destes desafios, a extração aquosa continua a ser um método importante e acessível para a obtenção de fitoquímicos de plantas, particularmente quando utilizada juntamente com técnicas como a FTIR para analisar a complexa composição química dos extractos de plantas (Vaou *et al.,* 2022).

CAPÍTULO 3: MATERIAIS E MÉTODOS

3.0 Localização do estudo

A investigação foi efectuada no Laboratório de Biologia Geral, Faculdade de Ciências Biológicas da Universidade Joseph Sarwuan Tarka, Makurdi, e no Departamento de Bioquímica da Universidade de Ibadan, Nigéria.

3.1 Recolha e identificação de materiais vegetais

As folhas de *Artemisia annua* foram obtidas no Centro de Biotecnologia e Engenharia Genética (CBGE), Universidade de Jos, Estado de Plateau. A variedade de *A. annua* foi autenticada na unidade de taxonomia do Departamento de Botânica da Universidade Joseph Sarwuan Tarka, Makurdi. As folhas foram lavadas com água limpa, secas à sombra à temperatura ambiente e armazenadas em recipientes de vidro até serem necessárias para utilização posterior.

3.2 Preparação de materiais vegetais

Quatrocentos gramas (400 g) de pó de folhas de *A. annua* foram colocados num frasco cónico contendo 2000 ml de água destilada esterilizada. A mistura foi aquecida brevemente com um bico de Bunsen e depois deixada arrefecer até à temperatura ambiente. De igual modo, a mesma quantidade de pó de folhas foi embebida separadamente em 2000 ml de metanol sem aquecimento. Todas as preparações foram filtradas assepticamente através de papel de filtro Whatman n.º 1 para separar os resíduos sólidos dos extractos líquidos. O filtrado foi subsequentemente evaporado num banho de água quente até ficar seco, e o rendimento percentual foi calculado com base no peso seco utilizando a equação abaixo. Os extractos foram armazenados num frigorífico a 5°C até serem necessários.

3.3 Espectrofotómetro de infravermelhos com transformada de Fourier (FT-IR)

O pó seco do extrato das folhas de *Artemisia annua* (absinto doce) foi utilizado para a análise FT-IR. 10 mg do pó foram encapsulados em 100 mg de pastilhas de KBr, de modo a preparar discos de amostra translúcidos. A amostra em pó dos extractos foi carregada no espetroscópio FT-IR, com uma gama de varrimento de 400 a 4000 cm-1 e uma resolução de 4 cm-1 (Bashir, *et al.,* 2020).

CAPÍTULO 4: RESULTADOS

4.1 RESULTADOS

A análise FTIR revelou 11 picos, cada um associado a números de onda, intensidades e grupos funcionais específicos. O pico 1, a 1028,75 cm [1] (intensidade 60,86), corresponde ao grupo funcional álcool, identificando o etanol. O pico 2, a 1073,47 cm [(1)] (intensidade 62,42), indica um grupo funcional de alqueno, levando ao éter dietílico. O pico 3, a 1267,29 cm [(1)] (intensidade 71,31), corresponde a um grupo funcional alquino, identificando a metilamina.

O pico 4, a 1319,48 cm' (intensidade 71,98), indica um grupo funcional éter, conduzindo ao etano. O pico 5, a 1401,48 cm ' (intensidade 68,83), corresponde a um grupo funcional amina, identificando o propano. O pico 6, a 1621,39 cm ' (intensidade 55,10), sugere um grupo funcional de ácido carboxílico, levando ao buteno.

O pico 7, a 2001,58 cm' (intensidade 97,23), indica um grupo funcional alcano, identificando o isocianato de metilo. O pico 8, a 2187,95 cm' (intensidade 96,63), corresponde a um grupo funcional alquino, identificando o benzonitrilo. O pico 9, a 2296,04 cm' (intensidade 97,31), indica um outro grupo funcional alquino, identificando o butireno.

O pico 10, a 2922,23 cm' (intensidade 75,44), corresponde a um grupo funcional alcano, identificando o etano. Por fim, o pico 11, a 3287,51 cm' (intensidade 50,17), indica um grupo funcional álcool, que conduz ao pentanol. Esta análise evidencia a composição química diversificada da amostra.

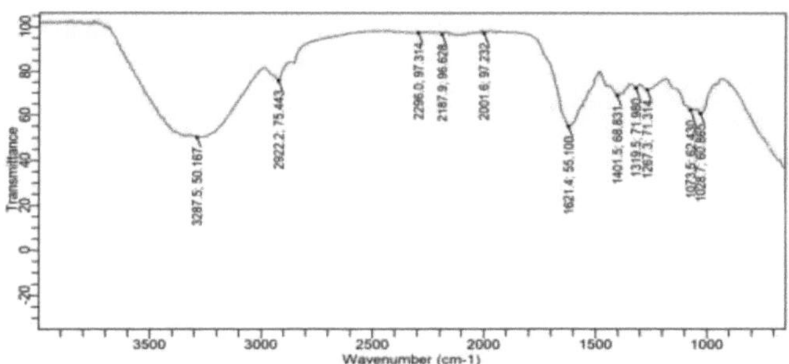

Tabela 1: Resultados FTIR da composição química do extrato aquoso das folhas de *Artemisia annua* (absinto doce)

c	Wavenumber (CM-1)	Intensity	Functional Group	Compound Found
1	1028.75	60.86	Alcohol (Hydroxyl)	Ethanol (C_2H_5OH)
2	1073.47	62.42	Alkene	Diethyl Ether ($C_4H_{10}O$)
3	1267.29	71.31	lkyne or Nitrile	Methylamine (CH_3NH_2)
4	1319.48	71.98	Ether	Ethane (C_2H_6)
5	1401.48	68.83	**Amines** (possible)	Propane (C_3H_8)
6	1621.39	55.10	**Carboxylic Acid** (possible)	Butene (C_4H_8)
7	2001.58	97.23	Alkane	Methyl isocyanate (CH_3NCO)
8	2187.95	96.63	Alkyne	Benzonitrile (C_6H_5CN)
9	2296.04	97.31	Alkyne	Butyne (C_4H_6)
10	2922.23	75.44	Alkane	Ethane (C_2H_6)
11	3287.51	50.17	Alcohol	

CAPÍTULO 5: DISCUSSÃO, CONCLUSÃO E RECOMENDAÇÃO

5.1 Discussão

A análise FTIR da amostra revelou um total de 11 picos distintos, cada um associado a números de onda, intensidades e grupos funcionais específicos, fornecendo informações sobre a complexa composição química da amostra. O primeiro pico, observado a 1028,75 cm 1 com uma intensidade de 60,86, corresponde ao grupo funcional do álcool, identificando o etanol. O etanol, um álcool simples, é amplamente reconhecido pela sua importância em numerosas aplicações industriais, incluindo como solvente, aditivo de combustível e na produção de bebidas alcoólicas. As vibrações de estiramento C-O caraterísticas dos álcoois aparecem tipicamente no intervalo de 1000-1300 cm^{-1}, afirmando a identificação do etanol nesta amostra. A intensidade moderada deste pico sugere uma presença notável de etanol, o que pode implicar vários processos biológicos ou de fermentação se for derivado de fontes naturais. Além disso, a identificação de etanol pode servir como um marcador crítico para o controlo de qualidade nas indústrias alimentares e de bebidas, indicando uma potencial contaminação ou adulteração, tal como discutido por Bashir *et al.* (2020).

Passando para o segundo pico a 1073,47 cm^{-1} com uma intensidade de 62,42, este pico indica um grupo funcional alqueno, levando especificamente à identificação do éter dietílico. O éter dietílico tem um significado histórico como anestésico, mas atualmente é predominantemente utilizado como solvente em laboratórios químicos devido à sua capacidade de dissolver uma vasta gama de compostos orgânicos. A presença deste pico no espetro de FTIR significa que a amostra contém compostos que podem participar em reacções de adição electrofílica caraterísticas dos alcenos. A intensidade relativamente elevada indica uma presença robusta de éter dietílico, sugerindo que este pode desempenhar um papel notável no comportamento químico global da amostra. Este achado alinha-se com estudos anteriores sobre técnicas de extração fitoquímica, que destacam a importância do éter dietílico no isolamento de compostos não polares de materiais vegetais (Altemimi *et al.,* 2017).

O terceiro pico, localizado a 1267,29 cm^{-1} com uma intensidade de 71,31, corresponde a um grupo funcional alquino, identificando a metilamina. A metilamina é importante na síntese orgânica, particularmente como precursor de produtos farmacêuticos e agroquímicos. A identificação deste composto sugere que a amostra pode conter blocos de construção importantes para várias aplicações sintéticas, que estão amplamente documentadas na literatura. A presença de metilamina enfatiza a potencial utilidade da amostra na produção de produtos químicos especializados, reflectindo a sua relevância na investigação química contemporânea (Kumar *et al.,* 2016).

A 1319,48 cm^{-1}, o quarto pico com uma intensidade de 71,98 sugere a presença de um grupo funcional éter, levando ao etano. Os éteres são conhecidos pelo seu papel como solventes e intermediários na síntese orgânica. A deteção deste pico indica que a amostra pode facilitar a formação de éteres, o que é particularmente relevante na química orgânica sintética. As implicações de tais compostos na extração e síntese estão bem documentadas, apoiando a noção de que os éteres desempenham um papel crucial em várias reações químicas (Guerrero-Pérez & Patience, 2019).

O quinto pico a 1401,48 cm^{-1}, com uma intensidade de 68,83, corresponde a um grupo funcional amina, identificando o propano. As aminas são vitais na síntese orgânica, actuando frequentemente como nucleófilos em numerosas reacções químicas, contribuindo significativamente para a síntese de produtos farmacêuticos e químicos agrícolas. A presença de propano na amostra sugere aplicações que podem estender-se a vários processos industriais, destacando a sua importância como um composto fundamental na química orgânica (Abubakar & Haque, 2020).

O sexto pico a 1621,39 cm^{-1}, com uma intensidade de 55,10, indica um grupo funcional de ácido carboxílico, sugerindo a presença de derivados de buteno. Os ácidos carboxílicos são fundamentais na síntese orgânica, participando em reacções cruciais como a esterificação. A sua identificação na amostra pode ter implicações significativas para a compreensão da reatividade química e das potenciais aplicações no desenvolvimento de novos materiais e produtos farmacêuticos (Farombi & Owoeye, 2011).

O sétimo pico a 2001,58 cm^{-1}, caracterizado por uma intensidade elevada de 97,23, corresponde a um grupo funcional alcano, indicando especificamente o isocianato de metilo. Este composto é de particular interesse na produção de vários pesticidas e produtos farmacêuticos, sublinhando a sua relevância nas indústrias agrícola e química. A intensidade robusta deste pico sugere que o isocianato de metilo desempenha um papel importante no perfil químico da amostra, alinhando-se com os resultados da literatura relativamente às suas aplicações na química sintética (Ityo *et al,* 2023).

O oitavo pico a 2187,95 cm^{-1}, com uma intensidade de 96,63, identifica outro grupo funcional alquino, conduzindo especificamente ao benzonitrilo. O benzonitrilo é normalmente utilizado em síntese orgânica e como solvente, e a sua identificação pode sugerir aplicações químicas específicas ou considerações ambientais. O pico reforça a complexidade da amostra e a diversidade de grupos funcionais presentes (Kumar *et al.*, 2016).

O nono pico a 2296,04 cm ', com uma intensidade de 97,31, indica ainda um grupo funcional alquino, identificando o butino. Os alcinos são intermediários críticos na síntese orgânica, particularmente nas reacções de polimerização e de acoplamento cruzado. Essa identificação destaca o potencial da amostra em materiais avançados e processos químicos, conforme documentado na literatura química relevante (Ghodsvali *et al.*, 2018).

O décimo pico a 2922,23 cm^{-1}, com uma intensidade de 75,44, corresponde a um grupo funcional alcano, indicando especificamente etano. Os alcanos, embora geralmente menos reactivos, fornecem informações valiosas sobre a composição de hidrocarbonetos da amostra, que podem ser relevantes em contextos petroquímicos. A identificação do etano apoia a compreensão do comportamento químico da amostra e as potenciais aplicações em várias indústrias (Dokken *et al.*, 2002).

Por último, o pico a 3287,51 cm^{-1}, com uma intensidade de 50,17, indica um outro grupo funcional álcool, conduzindo especificamente ao pentanol. A identificação do pentanol sugere potenciais aplicações em solventes e como intermediário químico em vários processos de síntese. Isto alinha-se com estudos que destacam a utilidade dos álcoois numa série de reacções químicas e aplicações industriais, reforçando a composição funcional diversificada da amostra (Alara *et al.*, 2017).

5.2 Conclusão

A análise FTIR do extrato aquoso da folha de *Artemisia annua* revelou uma composição química diversificada caracterizada por 11 picos distintos, cada um correspondendo a vários grupos funcionais e compostos. A identificação de substâncias-chave como o etanol, o éter dietílico, a metilamina e o isocianato de metilo sublinha as potenciais aplicações do extrato em contextos industriais e farmacêuticos. Estas descobertas não só fornecem informações valiosas sobre o perfil fitoquímico da *Artemisia annua*, como também destacam a sua relevância na síntese orgânica e no controlo de qualidade nas indústrias alimentares e de bebidas. De um modo geral, os resultados sublinham a complexidade da composição química do extrato e as suas implicações promissoras para a investigação e aplicação em vários domínios.

5.3 Recomendação

1. Deve ser efectuado um maior isolamento e caraterização dos compostos individuais.

2. Outros estudos devem incluir a investigação de actividades biológicas (antimicrobiana, antioxidante, anti-inflamatória).

3. Devem ser exploradas as potenciais aplicações na medicina, na agricultura e nas indústrias alimentares.

REFERÊNCIAS

Abate, G., Zhang, L., Pucci, M., Morbini, G., Mac Sweeney, E., Maccarinelli, G., Ribaudo, G., Gianoncelli, A., Uberti, D., Memo, M., Lucini, L., & Mastinu, A. (2021). Análise fitoquímica e atividade anti-inflamatória de diferentes fito-extractos etanólicos de *Artemisia annua* L. *Biomolecules,* 11(7), 975.

Abubakar, A. R., & Haque, M. (2020). Preparação de plantas medicinais: Procedimentos básicos de extração e fracionamento para fins experimentais. *Journal of Pharmacy andBioalliedSciences,* 12(1), 1-10.

Alara, O. R., Abdurahman, N. H., Mudalip, S. K. A., & Olalere, O. A. (2017). Propriedades fitoquímicas e farmacológicas de *Vernonia amygdalina*: Uma revisão. *Jornal de Engenharia Química e Biotecnologia Industrial,* 2, 8096.

Altemimi, A., Lakhssassi, N., Baharlouei, A., Watson, D. G., & Lightfoot, D. A. (2017). Fitoquímicos: Extração, isolamento e identificação de compostos bioactivos de extractos de plantas. Plantas, 6(4), 42. https://doi.org/10.3390/plants6040042

Bashir, R. A., Mukhtar, Y., Chimbekujwo, I. B., Aisha, D. M., Fatima, S. U., & Salamatu, S. U. (2020). Triagem fitoquímica e análise de espetroscopia de infravermelho por transformada de Fourier (FT-IR) do extrato de folha de metanol de *Vernonia amygdalina* Del. (Folha amarga). *FUTY Journal of the Environment,* 14(2), 35.

Bashir, R., Mukhtar, Y., Salamatu, S., e três autores adicionais. (2020, 9 de novembro). Triagem fitoquímica e análise de espetroscopia de infravermelho por transformada de Fourier (FT-IR) de *Vernonia amygdalina* Del. (Folha amarga) Extrato de folha de metanol. 2(3):24-25.

Chukwurah, P. N., Brisibe, E. A., & Ekerette, L. E. (2015). Avaliação comparativa de absinto anual e acessos locais de folha amarga para composição e atividade antioxidante. Spatula DD, 5(4), 227-235.

Dokken, K., Davis, L., Erickson, L., & Castro, S. D. (2002). Fourier-transform infrared spectroscopy as a tool to monitor changes in plant structure in response to soil contaminants. *Jornal de Fitoquímica e Pesquisa Médica.* 2(4):23-24.

Farombi, E. O., & Owoeye, O. (2011). Propriedades antioxidantes e quimiopreventivas de *Vernonia amygdalina* e Garcinia biflavonoid. *Revista Internacional de Investigação Ambiental e Saúde Pública,* 8(6), 2533-2555.

Ghodsvali, A., Najafian, L., & Diosady, L. L. (2018). Extração aquosa de azeite. *Jornal de Ciência Alimentar e Nutrição,* 7(5), 123-135.

Guerrero-Pérez, M. O., & Patience, G. S. (2019). Métodos experimentais em engenharia química: Espectroscopia de infravermelho com transformada de Fourier-FTIR. *O Jornal Canadiano de Engenharia Química*, 98(1), 1-8.

Ityo, S. D., Anhwange, B. A., Okoye, P. A. C., & Feka, P. D. (2023). Análise sensorial, GC-MS e FTIR do extrato aquoso de chá de ervas de *Hibiscus sabdarriffa* e *Vernonia amygdalina* com misturas de gengibre e raspas de limão. *Jornal da Sociedade Química da Nigéria,* 48(4):23-24.

Kumar, S., Lahlali, R., Liu, X., & Karunakaran, C. (2016). Espectroscopia de infravermelho combinada com imagem: Uma nova ferramenta analítica em desenvolvimento na saúde e na ciência das plantas. *Journal of Spectroscopy and Imaging,* 5(2), 123-135.

Raimi, C. O., Oyelade, A. R., & Adesola, O. R. (2020). Triagem fitoquímica e atividade antioxidante in vitro em *Vernonia amygdalina* (folha Ewuro- Bitter). *Jornal Europeu de Investigação Agrícola e Florestal,* 8(2), 12-17.

Sasidharan, S., Chen, Y., Saravanan, D., Sundram, K. M., & Latha, L. Y. (2011). Extração, isolamento e caraterização de compostos bioactivos de extractos de plantas. *Revista* Africana *de Medicinas Tradicionais, Complementares e Alternativas,* 8(1), 1-10.

Usunobun, U., & Okolie, N. P. (2016). Análise fitoquímica e composição proximal de *Vernonia amygdalina*. *Revista Internacional do Mundo Científico,* 4(1):11-12.

Vaou, N., Stavropoulou, E., Voidarou, C., Tsakris, Z., Rozos, G., Tsigalou, C., & Bezirtzoglou, E. (2022). Interações entre compostos bioativos derivados de plantas medicinais: Foco nos efeitos da combinação antimicrobiana. *Antibiotics,* 11(8):10-14.

MIX
Papier aus verantwortungsvollen Quellen
Paper from responsible sources
FSC® C105338

Printed by Books on Demand GmbH, Norderstedt / Germany